Seeadler ganz nah

Seeadler ganz nah

Peter Wernicke

Natur + Text

Impressum

Bibliografische Information der Deutschen Nationalbibliothek
Die Deutsche Nationalbibliothek verzeichnet diese Publikation in der Deutschen Nationalbibliografie; detaillierte bibliografische Daten sind im Internet über http://dnb.dnb.de abrufbar.

Ein besonderer Dank gilt Gundula Wernicke für eine inhaltliche Aktualisierung und die Bereitstellung weiterer Fotos aus dem Nachlass von Peter Wernicke.

Peter Wernicke
Seedler ganz nah
Natur+Text Rangsdorf 2024, 128 Seiten, 24 x 22 cm
ISBN 978-3-942062-65-7

Fotos: Peter Wernicke
außer auf folgenden Seiten: 55 – Jan Schulenberg; 125, 126, 127 (oben links und unten) – privat;
127 (oben rechts) – Gesellschaft Deutscher Tierfotografen

Für diese Neuausgabe wurde die 2006 im selben Verlag erschienene gleichnamige Originalausgabe (ISBN 3-981005-81-1) überarbeitet. Redaktion der Originalausgabe: Torsten Münchberger

Lektorat, Layout und Satz: Natur+Text
Druck: Westermann Druck Zwickau

ISBN 978-3-942062-65-7

Inhalt

Zum Gedenken

Bei der Vorbereitung einer Exkursion riss ein tödlicher Unglücksfall Dr. rer. nat. Peter Wernicke (8.9.1958–8.9.2017) mitten aus dem Leben. In jahrelanger Zusammenarbeit erlebte ich ihn als außergewöhnlichen Weggefährten im Wirken gegen viele Widerstände gegenüber dem Naturschutz. Schon im Studium begeisterte ihn die Fotodokumentation von Pflanzen, Tieren und Lebensräumen. Er erwarb fundiertes Wissen über Natursysteme und ökologische Zusammenhänge. Mit großer Konzentration arbeitete er am Forschungsthema über das Zugverhalten nordischer Gänse und verteidigte die Dissertation mit „magna cum laude". Ab 1990 engagierte er sich an der Vorbereitung und Ausweisung des Naturparks „Feldberger Seenlandschaft" und wurde 1997 dessen Leiter. Mit großer Zielstrebigkeit, Hartnäckigkeit und Konsequenz warb er für eine umwelt- und naturschutzgerechte Behandlung von Natur und Landschaft.
Ein Markenzeichen seines Wirkens war der wissenschaftliche Ansatz des Arten- und Lebensraumschutzes. Alte, weitgehend natürliche Buchenwälder mit ihren Zerfalls- und Regenerationsstadien übten auf ihn eine besondere Faszination aus. Angesichts der zunehmenden Nutzungen der wertvollen Buchenaltbestände und der Belastungen der Klarwasserseen auch in den Naturschutzgebieten erwarb er sich eine überragende fachliche Kompetenz und setzte diese im Rahmen seiner Naturschutzarbeit konsequent um. Er verteidigte die Positionen eines umfassenden Schutzes der Buchenwald-Ökosysteme wie kaum ein Zweiter. Daneben waren der Schutz der Seen und der noch vorhandenen intakten Moore sowie die Renaturierung dieser Lebensräume ein Schwerpunkt seines Wirkens. Er verband in einzigartiger Konsequenz Theorie und Praxis und gab trotz oft mangelnder Unterstützung und fehlendem Durchsetzungswillen des behördlichen Naturschutzes nicht auf.
Frühzeitig erkannte er die Wirkung guter Fotos für die Popularisierung des Naturschutzgedankens. Aktionsgeladen, dokumentarisch und kritisch, solche Bilder wollte und machte er und gehörte damit zu den Wegbereitern einer kritischen Naturfotografie.

Mit seinem plötzlichen Tod verlor der Naturschutz einen seiner kenntnisreichsten und engagiertesten Mitstreiter und Ideenspender. Er war ein kluger Ratgeber, zuverlässiger Kollege und Weggefährte für einen zukunftsorientierten, wissenschaftlich fundierten Naturschutz.

Dr. habil. Hans-Jürgen Spieß

Geleitwort

Viele Menschen verdanken ihre Begeisterung für die Natur einem ersten emotionalen Erlebnis. Man ist überrascht, wie viele sich noch Jahre später an diesen Moment erinnern und ihn manchmal zeitlebens nicht vergessen. Dabei ist es in der Regel nicht das Objekt des jungfräulichen Erlebens, auf das man sich besinnt. Es ist vielmehr das schöne „Gefühl im Bauch", das man damals hatte und welches auch nach Jahren noch den Hals hinauf krabbelt. Nicht selten erzeugen auch Bücher dieses Gefühl und gehen dem Gang in die freie Natur voraus. Später, wenn man mit wissenschaftlicher Neugier auf die Suche nach Unentdecktem eilt, verwandeln sich Naturbeobachtungen wissensbedingt nur zu schnell in nackte Daten, Fakten und Relationen. Es kann ein Fluch werden, auf hundert beantwortete Fragen tausend neue Wissensziele zu erhalten. Der Vogelflug wird zum Nachdenken über Thermik und Energiebilanzen, das Schlagen der Nahrung durch den Adler lässt an Umweltbelastungen in den Gewässern denken.
Oft habe ich mir Jahre später beim Anblick einer Blüte, eines singenden Vogels oder eines kreisenden Greifvogels die Unbeschwertheit des ersten Erlebens zurückgewünscht. Zeitdruck und Ehrgeiz ließen dann aber kaum noch die Ruhe für das ursprüngliche Genießen zu.
Mit dem vorliegenden Buch wagt der Autor dieses „Zurück" zu den Emotionen. Ganz bewusst, so scheint es, beschreibt Peter Wernicke dieses besondere Gefühl des einsamen Naturerlebens. Seine spektakulären Fotos – das „Auge in Auge" mit den Seeadlern zu sein –, lassen uns an seinem Erleben teilhaben, so als wäre es das eigene Beobachten. Der wissenschaftliche Aspekt dieser beeindruckenden Fotografien bleibt dabei erfreulich dezent im Hintergrund. Ich bin geneigt zu sagen: Ich kann einfach wieder genießen, kann mich ganz der Schönheit und Wildheit der Seeadler und ihrer Nachbarn hingeben. Das Umblättern der Seiten wird zur Exkursion in eine so nahe und dennoch fast exotische Welt, wird zum Voyeurismus der besonderen Sinnlichkeit.
Die Adlerfotos mögen dem einen als Zugang in die grandiose Welt der Wissenschaft dienen, dem anderen werden sie ein willkommener Halt im schnellen Alltag des Erkennens und Einordnens sein.
Junge Menschen finden den Einstieg in die Welt der natürlichen Zusammenhänge nur durch das Erfühlen.
Naturschutz und Naturerleben brauchen daher Emotionen und Gefühle.

Dr. Klaus-Dieter Feige

Ornithologische Arbeitsgemeinschaft Mecklenburg-Vorpommern (OAMV) e. V.

Am Luderplatz

Seit einer Stunde sitze ich in einem kleinen Versteck, mitten in der Mecklenburger Seenplatte. Langsam beginnt die Morgendämmerung. Der Tag erwacht, ganz behutsam. Tief verschneit ist die Landschaft. Der See lässt sich nur erahnen – an der großen baumlosen, ebenen Fläche vor mir. Die Nacht war klirrend kalt, unter minus 20 Grad Celsius. Die Kälte dringt auch durch meine dicken Sachen.

Vor meinem Versteck habe ich ein Schaf als Futter ausgelegt. Die Spuren im Schnee zeigen, dass am Vortag bereits zahlreiche Tiere daran gefressen haben. Das Terrain ist so sehr zertreten, dass nicht zu erkennen ist, welche Tiere hier gewesen sind. Plötzlich zerreißt eine lange gellende Rufreihe die Stille. Ich bin sofort hellwach – Seeadler. Sie sind noch weit weg, vielleicht an ihrem Schlafplatz. Aber immerhin, einige sind hier

in der Gegend. Es dauert nicht mehr lange, da lassen sich die ersten Vorboten blicken. Mit lauten Rufen fliegen zwei Kolkraben an und landen in den benachbarten Bäumen. Erst nach einigen Minuten fliegt der erste auf den Boden, in respektablem Abstand zum ausgelegten Futter. Die Kolkraben bestimmen meistens das Treiben an den Futterstellen. Sie sind die Ersten am Luderplatz und kommen oft in großer Zahl. Von der Morgen- bis zur Abenddämmerung ist die Luft erfüllt vom heiseren Krächzen der schwarzen Vögel.

Raben sind zunächst äußerst misstrauisch und vorsichtig. Es gibt Tage, da schleichen sie nur um das Luder herum, ohne es anzurühren. Manchmal fliegen sie nach kurzer Zwischenlandung einfach wieder weg. Dabei ist dieser Winter besonders ausdauernd, frostig, kalt. Die Vögel sind bestimmt hungrig.

Heute halten sie sich nicht lange mit dem Sichern auf. Schon nach wenigen Minuten sitzen die ersten auf dem hart gefrorenen Kadaver und meißeln mit ihren kräftigen Schnäbeln große Fleischstücke heraus. Wenn sich erst einmal genügend Kolkraben einfinden, dann kann das Luder innerhalb kurzer Zeit vertilgt sein. Ich habe schon erlebt, dass sich vierzig bis fünfzig dieser schwarzen Vögel gleichzeitig über den Köder hermachen. Ein solcher Trupp zerlegt ein Schaf in wenigen Tagen, selbst wenn es steinhart gefroren ist.

Kolkraben kommen oft in großer Zahl an einen Luderplatz. Trotz deutlicher körperlicher Überlegenheit können sich Seeadler nicht gegen die Neckereien der wendigen Raben wehren. Sie begeben sich daher nur ungern mitten in eine Kolkrabenschar hinein.

Unter den Kolkraben herrscht eine klare Hierarchie. Selbst in großen Schwärmen geht es relativ friedlich zu. Hin und wieder kommt es jedoch zu Auseinandersetzungen, die mit Schnabel und Füßen ausgetragen werden. Der unterlegene Vogel wirft sich meistens auf den Rücken und zeigt so seine Unterwürfigkeit. Die überwiegende Zeit aber wird gefressen. Die Vögel schlucken die Fleischstücke nicht immer gleich herunter. Häufig fliegen sie damit davon. Vermutlich legen sie in der Nähe einen Vorrat an. Von den Adlern, die in der Nähe sitzen, lassen sich die Kolkraben nicht abschrecken. Eher entsteht der Eindruck, dass die große Zahl von Raben die Seeadler davon abhält, ans Luder zu gehen.

Doch plötzlich stieben die Raben auf. Durch die schmalen Sehschlitze meines Verstecks kann ich erkennen, dass ein Adler über den Luderplatz streicht. Sofort wird er von den Raben attackiert. Erst als er wieder auf seinem Ansitz landet, lassen die schwarzen Gesellen von ihm ab. Die meisten sitzen aber längst wieder am Futter.

Am späten Vormittag fliegt nochmals ein Seeadler an. Diesmal ist er so nah, dass ich das Rauschen der mächtigen Schwingen höre. Ein dumpfer Aufschlag und der Adler ist neben dem Luder gelandet. Aber da sind auch schon wieder die Raben neben dem viel größeren Greifvogel. Jetzt beginnt eine Auseinandersetzung um das Futter – in fast spielerischer Art. Während der Adler sitzt und frisst, pirscht sich ein besonders dreister Rabe langsam von hinten an. Seine schelmische Absicht ist ihm anzusehen: Er hält seinen Kopf weit nach vorn gestreckt. Immer ist er zur Flucht bereit. Sehr vorsichtig nähert er sich dem Adler

von hinten und zieht dann kurz und kräftig an dessen Schwanzfedern. Obwohl der Adler viel größer ist als sein Widersacher, springt er auf. Zur Abschreckung schlägt er mit den Flügeln. Eine Chance, den Raben zu vertreiben, hat er nicht. So geht das Spiel weiter, bis der große Greifvogel das Feld räumt. Sind mehrere Adler am Futterplatz, haben die Raben allerdings kein derart leichtes Spiel. So beobachte ich häufig, dass nur sehr wenige Kolkraben zum Luderplatz kommen, wenn schon mehrere Seeadler da sind. Doch an diesem Tag soll dies meine einzige Begegnung mit einem Adler bleiben.

Alte Seeadler sind leicht an dem gleichmäßig hellbraunen Gefieder, dem leuchtenden Gelb von Schnabel und Augen sowie einem weißen Schwanz zu erkennen (Seite 16 und 20). Männchen und Weibchen lassen sich anhand des Größenunterschiedes unterscheiden. Die Weibchen (Seite 10) sind teilweise deutlich größer als ihre Partner.

Seeadler auf dem Dach

Wie viele Tage ich mittlerweile im Versteck gesessen habe – ich weiß es nicht mehr genau. Auf jeden Fall müssen es schon mehrere Wochen sein. Jeder Tag ist aufregend und keiner gleicht dem vorherigen. Manchmal sind nur Raben und Bussarde am Luder. Am nächsten Tag sind die Bussarde verschwunden und mehrere Adler halten sich an der Futterstelle auf. Bisher habe ich Adler und Bussarde allerdings nie zusammen am Futterplatz gesehen.
Viele Tage sitzen die Adler auch nur in der Nähe des Futters, ohne dort zu landen und zu fressen. In solchen Situationen überlege ich oft, ob mich die Adler eventuell doch bemerkt haben, weil das Versteck nicht gut genug getarnt ist. Auf alle Fälle sind die Vögel extrem vorsichtig. Der Ansitz muss sich gut in die Umgebung einfügen. Meistens verwende ich deshalb Tarnnetze. Sie lösen die Struktur des Versteckes weitgehend auf. Die größte Schwierigkeit ist dabei das Objektiv. Die große, dunkle Öffnung der Kamera hat auf geringe Distanzen offenbar eine sehr abschreckende Wirkung. Hinzu kommt die außerordentliche Sehkraft der Adleraugen.

Vor diesem Hintergrund wird deutlich, weshalb ich einen so großen Aufwand beim Tarnen meines Versteckes und der Fotoausrüstung betreibe. Schon die geringste Nachlässigkeit kann dazu führen, dass die Seeadler in gebührender Entfernung abwartend sitzen und aufmerksam die Umgebung sichern. Selbst eine zu schnelle Bewegung mit dem Objektiv kann die Vögel vertreiben. Aber Seeadler sind auch nur Lebewesen und nicht alle verhalten sich gleich. So lässt sich vielleicht auch die folgende Geschichte erklären.

Mein Versteck habe ich diesmal auf einem Hochsitz eingerichtet, am Rande einer großen Waldwiese. Ich will die erhöhte Kamerastellung für Flugaufnahmen nutzen. In den ersten zwei Tagen sitzen zwar bis zu

Das Aussehen der Seeadler verändert sich während der fünfjährigen Jugendentwicklung. Im ersten Winter sind Federkleid und Schnabel noch dunkel gefärbt (Seite 25). Im zweiten Lebensjahr bekommt das Federkleid helle Flecken (Seite 26) und auch hellbraune Federpartien werden häufiger. Auf dem Bild Seite 23 ist am linken Rand ein Tier im ersten Lebensjahr zu sehen. Das dritte von links befindet sich bereits im dritten Lebensjahr. Die beiden anderen Seeadler auf dem Foto zeigen schon fast das typische Alterskleid, das Seeadler erst mit fünf Jahren bekommen. Sie sind vermutlich vier bis fünf Jahre alt.

vier Seeadler am Rande der Wiese in hohen Bäumen, aber keiner kommt zum Futter. Ich vermute, das Objektiv stört die Adler. Außerdem ist es bereits März, die Gewässer sind eisfrei und es gibt auch in der Umgebung genügend Futter. Am nächsten Tag sind zwar nur zwei Seeadler an der Wiese, aber sie kommen mehrfach zum Futter. Meine Zweifel über die möglichen Unzulänglichkeiten des Verstecks sind damit weitgehend zerstreut. An diesem Tag schaffen es die beiden jedoch, mich völlig zu verblüffen.

Ich höre das Rauschen der Schwingen. Einer der Seeadler ist in einem der Nachbarbäume gelandet, unmittelbar neben meinem Versteck. Es ist ein Jungadler. Nach einiger Zeit fliegt er auf den Boden zum Futter. Es dauert nicht lange, dann landet unweit von ihm der zweite Vogel. Es ist ein Altadler, der auf seine Gelegenheit wartet. Nachdem sich der Jungadler sattgefressen hat, fliegt er los – genau auf mich zu. Ich bin absolut überrascht. Es geht alles rasend schnell. Mir gelingt es nicht, den Vogel zu fotografieren. Er landet auf dem Dach meines Verstecks! Der zweite Vogel hat offenbar keinen großen Hunger. Nach wenigen Minuten startet auch er und fliegt ebenfalls auf mich zu. Diesmal bin ich vorbereitet. Es gelingt mir, mit der Kamera mitzuziehen und mehrere Fotos zu machen. Ich muss bei dieser Aktion zwangsläufig das Objektiv immer weiter herausschieben. Trotzdem landet das Tier scheinbar unbeeindruckt auf meinem Versteck.
Für mich ist es immer wieder ein außergewöhnliches Gefühl, diese scheuen Tiere aus unmittelbarer Nähe zu belauschen. Aber dieser Augenblick ist schon ein besonderer Höhepunkt. Zwei Seeadler sitzen in greifbarer Nähe, direkt über mir. Normalerweise fliegen sie sofort weg, wenn sie einen Menschen in mehreren hundert Metern Entfernung sehen.
Nach wenigen Sekunden fliegt einer der beiden weg. Der andere hüpft auf dem Dach herum, hält sich dort noch eine ganze Weile auf, bevor auch er endgültig abzieht. So verabschieden sich die beiden und ich weiß bis heute nicht, was die Tiere an den Tagen zuvor abgehalten hat, sich dem Futter zu nähern.

Sprichwörtlich

Neben der Scheu der Vögel ist die enorme Leistungsfähigkeit ihrer Augen erstaunlich. Greifvögel besitzen besonders große Augen, die fest in der Augenhöhle sitzen und mit denen sie starr blicken. Nur wenn sie ihren Kopf bewegen, können sie nach oben oder unten äugen. Das Gesichtsfeld ist jedoch viel größer als beim Menschen, sodass nur ein kleiner Raum hinter dem Vogel von ihm nicht wahrgenommen wird.

Auf der Rückseite der Augen befinden sich die Lichtsinneszellen, die den Lichtreiz aufnehmen und physiologisch weiterleiten. Davon besitzt der Mensch etwa 200.000 pro Quadratmillimeter. Beim Habicht konnten dagegen fünfmal mehr dieser Sinneszellen, also eine Million pro Quadratmillimeter festgestellt werden. Aber damit nicht genug. Der Mensch besitzt in jedem Auge einen Punkt, die sogenannte Netzhautvertiefung, an der die Sehschärfe am größten ist. Greifvögel besitzen davon zwei. Dies alles zusammen führt dazu, dass ein Greifvogel etwa achtmal besser Gegenstände und vor allem Bewegungen erkennen kann als wir Menschen. Erst durch diese leistungsfähigen Augen sind die Vögel in der Lage, erfolgreich zu jagen. In Versuchen wurde herausgefunden, dass der vergleichsweise kleine Turmfalke eine Maus noch aus einer Höhe von 1,6 Kilometern erkennen kann. Von einem afrikanischen Kampfadler wird berichtet, dass er von seinem Ansitz abflog, weil er in sechs Kilometern Entfernung ein Perlhuhn entdeckt hatte.

Ein alter Seeadler fliegt an einem Waldrand entlang. Adler suchen gerne exponierte Ruheplätze auf. Dort haben sie einen guten Überblick und können stundenlang regungslos sitzen.

Verehrt und verfolgt

An sehr vielen Tagen bin ich froh, wenigstens einen Seeadler vor die Kamera zu bekommen. Heute dagegen scheint es ganz anders zu werden. Ich weiß nicht, was ich zuerst fotografieren soll.
Seit der Morgendämmerung halten sich einige Adler vor meinem Versteck auf, und schon wieder höre ich dieses typische Rauschen in der Luft. Der nächste Adler kündigt sich an. In völliger Ruhe und ohne Misstrauen landet er vor meinem Versteck, vielleicht zwanzig Meter von mir entfernt. Da sitzt er nun und ich wage kaum zu atmen. Im Zeitlupentempo schwenke ich meine Kamera, damit der scheue Vogel nichts bemerkt. In diesem Moment ziehen sich die Sekunden unendlich lang, bis ich den Vogel endlich im Sucher sehe.

Mit eigenartigen und schwankenden Schritten springt der Greifvogel zu einem der ausgelegten Silberkarpfen. Um das Versteck, um das Objektiv und um mich kümmert er sich überhaupt nicht. Noch bevor er den Fisch erreicht hat, landet bereits der nächste Adler. So geht es Schlag auf Schlag. Mit einem Mal sind in meinem Blickfeld zwölf dieser majestätischen Vögel.

Noch vor einigen Jahrzehnten gab es solche Ansammlungen nicht. Seeadler waren in Deutschland fast ausgestorben. Nur einzelne Paare brüteten noch in den weiten Wäldern Norddeutschlands. Die Ursachen für diesen Rückgang haben sich in der Vergangenheit mehrfach verändert. Obwohl das Verhältnis der Menschen zu den Adlern schon seit Jahrtausenden von besonderer Achtung und Ehrfurcht geprägt ist, werden sie gleichzeitig erbarmungslos gejagt.
Sehr eindrucksvoll beschreibt Bengt Berg diesen Widersinn. In den zwanziger Jahren des vergangenen Jahrhunderts erscheint sein Buch „Die letzten Adler“. In einem Gespräch zwischen einem alten Fischer und einem jungen Förster erzählt der Alte, dass er in seinem langen Leben eine hohe Achtung vor dem Vogel und seinen Fähigkeiten bekommen hat. Für den Rückgang der Wasservögel macht er die Jagdgier der Menschen und nicht den Hunger des Adlers verantwortlich. Der junge Förster dagegen schießt auch den letzten „Schädling“. Während er von den Erwachsenen als Held gefeiert wird, schauen die Kinder mit träumenden Augen traurig in den leeren Himmel.

Seit Jahrtausenden werden Adler als Göttervogel verehrt. Die Ägypter setzen das Hieroglyphenbild des Adlers an den Anfang des Alphabetes. Aus diesem Bild geht der Buchstabe A hervor. Adler tragen die Blitze des Zeus. Bei den Wikingern sind sie das Symbol Odins und bei den Germanen die Verkörperung des Sturmwinds. Im Lateinischen wird der Nordwestwind Aquilo genannt, es ist das lateinische Wort für Adler.

Kraft und Schnelligkeit des Adlers werden zum Vorbild für viele Krieger. Das Adlerbild ziert die Standarte zahlreicher Kriegsheere von der Antike bis in die jüngste Vergangenheit. Nicht zuletzt ist er noch heute in zahlreichen Wappen und Staatssymbolen zu finden. Der Adler gilt als edel und das Wort Adel leitet sich von Adler ab. Paradoxerweise gilt auch die Jagd auf die großen Greifvögel als edler Zeitvertreib, als männliche Herausforderung, in vielen Ländern auch heute noch. Conrad Gessner beschreibt 1557 in seinem Vogelbuch zahlreiche angebliche Heilmittel, gewonnen aus Adlern. So soll Adlerhirn mit Öl und Zedernharz gegen

die Krankheiten des Kopfes helfen. Adlerhaut mit Federn auf den Bauch gelegt, vertreibt demnach Leibschmerzen. Eine Schwangere kommt sofort nieder, wenn ihr Adlerfedern unter die Füße gelegt werden. Für solche und weitere Heilversprechen dürfte so mancher Adler sein Leben gelassen haben. Welche Rolle Seeadler in der Sagen- und Mythenwelt gegenüber dem kleineren Steinadler spielen, ist schwer zu sagen. Aber wer kann heute noch genau bestimmen, welche Adler wirklich gemeint waren? So ist es wenig verwunderlich, dass manches Adlerwappen Merkmale mehrerer Arten trägt.

An Seen mit gutem Beuteangebot können sich zahlreiche Seeadler einfinden. Die Tiere sind untereinander sehr verträglich. Auch die Altadler (Seite 32 ganz rechts, Seite 33 zweiter und vierter Adler von rechts), zu deren Revier dieser See gehört, dulden die Junggesellen. Ihre Jagdflüge beginnen die Vögel schon in der frühen Dämmerung.

Adler weltweit

Der wissenschaftliche Name für den Seeadler ist ***Haliaeetus albicilla***. Daran wird deutlich, dass er, wie die Fachleute sagen, kein echter Adler ist. Steinadler ***(Aquila chrysaetos)*** und Schreiadler ***(Aquila pomarina)*** sind echte Adler – übrigens die beiden einzigen echten Adlerarten, die noch in Deutschland leben. In ihren Namen findet sich das lateinische Wort Aquila wieder – Adler. Die echten Adler sind beispielsweise daran zu erkennen, dass ihr Federkleid nahezu bis auf die Fänge reicht.

Seeadler besiedeln mit acht Arten fast alle Erdteile, mit Ausnahme von Südamerika und der Antarktis. Kennzeichnend für alle Seeadler ist ihre mächtige, imposante Erscheinung und der auffallend starke Schnabel. Die größte Art ist der **Riesenseeadler** mit einer Flügelspannweite von 2,80 Meter. Er bewohnt die Küstengebiete des Bering- und des Ochotskischen Meeres hauptsächlich auf Kamtschatka. Am bekanntesten ist sicherlich der **Weißkopfseeadler**, der Wappenvogel der USA. Er ist etwas kleiner als der **europäische Seeadler**, ist diesem sonst aber recht ähnlich. Die Art besiedelt den gesamten Kontinent von der Arktis bis zum Golf von Mexiko.

„Unser" Seeadler hat sein Verbreitungsgebiet in Europa und Asien und kommt auch in Grönland vor. Unter den Seeadlern besitzt er das größte Verbreitungsgebiet. Der **Bandseeadler** vertritt die Gattung in den mittel- und zentralasiatischen Steppen. Sein Brutgebiet beginnt östlich der unteren Wolga und erstreckt sich über Teile der Mongolei und Chinas bis in das Hochland von Tibet. Nach Süden reicht seine Verbreitung bis Nordindien, Nepal und Burma. Die Küstenbereiche der indisch-australischen Region werden durch den **Weißbauchseeadler** bewohnt. Er ist kleiner als die bisher genannten Arten. Da der Vogel im Flug von unten fast weiß erscheint, wird er in Indien auch der „Weiße Seeadler" genannt. Der **Salomonenseeadler** kommt nur auf der namensgebenden Inselgruppe östlich von Neuguinea vor. 1935 wird er zum ersten Mal als eigene Art beschrieben. Dieser Seeadler besiedelt die Wälder des Tieflandes sowie der Berge. Ähnlich seinem vorher genannten Verwandten hat der **Madagaskarseeadler** nur ein sehr beschränktes Verbreitungsgebiet. Noch im 19. Jahrhundert war er ein häufiger Bewohner der Küstenbereiche Madagaskars. Er ist der seltenste Seeadler überhaupt und wird von der IUCN (International Union for Conservation of Nature) als „vom Aussterben bedroht" eingestuft. Der **Schreiseeadler** verdankt seinen Namen einer lauten, klaren Stimme, die zu den bekanntesten Vogelstimmen Afrikas gehört. Gekennzeichnet ist er durch einen starken Kontrast zwischen dem Weiß von Kopf, Hals, Oberbauch und Stoß und dem rotbraunen Bauch. Er besiedelt die Fluss- und Seeufer sowie die Küstenbereiche großer Teile Afrikas.

Schreiadler, einer der beiden in Deutschland vorkommenden echten Adler.

Streit ums Futter

Seeadler fressen meist allein, selten zu zweit. Nur ab und an kommt es zu kleinen Auseinandersetzungen um das Futter. Meist jedoch warten die Tiere in stoischer Ruhe, bis sie an der Reihe sind. Es kann passieren, dass einige ihren Ansitz vom frühen Morgen bis zur Abenddämmerung kaum verlassen. Stundenlang verharren sie dann in ein und derselben Position.

Heute ist jedoch einer der Tage, an denen die Geduld der hungrigen Vögel begrenzt zu sein scheint. Noch sitzen die Adler friedlich nebeneinander und warten, bis ein Platz am Futter frei wird. Einzelne versuchen jedoch immer wieder einen Happen zu erbeuten. Je nach Temperament versuchen sie auf unterschiedliche Weise ans Ziel zu kommen. Mit der eher friedlichen Variante nähern sich einige Adler dem Futter und wollen einfach nur mitfressen oder den Fisch wegziehen. Das wird hin und wieder toleriert. Auf einmal aber deckt der stärkere die Beute mit den Schwingen ab, macht durch Fauchen und Flügelschlagen seinen uneingeschränkten Besitzanspruch deutlich. Daraufhin probiert es ein hungriger Adler mit der aggressiven Variante. Er fliegt auf den fressenden Vogel zu und will ihn mit seinen kräftigen Fängen wegstoßen. Ohne große Umschweife beginnt ein regelrechter Luftkampf. Der am Luder sitzende Adler springt in die Luft, dreht sich blitzschnell um und streckt dem Angreifer seine Krallen entgegen. Bei diesen Kämpfen sind keineswegs die alten Adler tonangebend. Häufig sind junge Weibchen die bestimmenden Vögel. Wie bei vielen anderen Greifvogelarten auch, ist beim Seeadler das Weibchen größer und schwerer als das Männchen. Dieser körperliche Vorteil führt zur weiblichen Dominanz am Futterplatz. Mehrfach sind ausgesprochen aggressive Weibchen mit aufgeplustertem Gefieder am Luder, die keinen anderen Adler auch nur in der Nähe dulden.

Zahlreiche Seeadler werden als Jungvögel im Rahmen eines internationalen Programms beringt. Am linken Lauf wird ein von Jahr zu Jahr variierender Farbring befestigt. Am rechten Lauf befindet sich ein länderspezifischer Ring. Der abgebildete Vogel wurde 1994 in Polen geboren und ist im zweiten Lebensjahr fotografiert worden. Üblicherweise wird auch der Jahresring mit einer individuellen Nummer versehen (Seite 47).

Vielfältiger Speiseplan

Ein Seeadler frisst praktisch alles, was nach Fleisch aussieht – von Fischen über Wasservögel, von kleinen Säugern bis hin zum Aas. Seine bevorzugte Jagdtaktik ist der Ansitz, das stundenlange, unbewegliche Warten auf eine günstige Gelegenheit. Hat der Adler einen Fisch erspäht, gleitet er heran und versucht, ihn während des Fluges aus dem Wasser zu holen. Er jagt auch im Sturzflug Fische im tiefen Wasser. Natürlich bestimmt das Angebot die Auswahl. Untersuchungen in Schleswig-Holstein zeigen, dass dort Bleie den Großteil der Beutefische ausmachen. Diese Weißfische sind für den Menschen wegen der vielen Gräten unattraktiv. Aus Fischteichen können natürlich auch Edelfische, wie zum Beispiel Karpfen, erbeutet werden.

Wasservögel, vor allem Blessrallen, gehören ebenfalls zu den Beutetieren. Sehen sie einen Adler kreisen, so flüchten sie schnell ins Schilf. Überrascht der Adler die Rallen im offenen Wasser, so bilden sie einen dichten Pulk. Adler versuchen immer wieder einzelne Tiere zu isolieren, in einen Schwarm stoßen sie nicht. Im Winter spielen sich manchmal dramatische Szenen auf den Binnenseen ab (Seiten 48/49). An den letzten eisfreien Stellen drängen sich dann dicht an dicht Blessrallen und Stockenten. Mehrere Seeadler sitzen an diesen Eislöchern wie an einem gedeckten Tisch. Immer wieder überfliegen die Adler den Schwarm und versuchen einzelne Tiere abzudrängen. Das Eisloch gleicht dann einem brodelnden Kessel. Im Sommer stoßen die Seeadler so lange nach den immer wieder abtauchenden Wasservögeln, bis sie völlig erschöpft erbeutet werden. Oftmals jagen Seeadler und besonders ältere Paare gemeinsam. Der Erfolg ist dann wesentlich größer. Eine wichtige Nahrungsquelle bildet Aas. Liegt ein verludertes Tier in freier Natur, können sich schnell viele Adler zusammenfinden.

Für den Schutz der Seeadler

Noch Anfang des 19. Jahrhunderts besiedeln Seeadler ein geschlossenes Areal von der Ostsee bis zur Lausitz, von den Masuren bis zur Elbe. Dann beginnt eine intensive Verfolgung, die fast zur Ausrottung führt. Allein in den Jahren 1841 bis 1853 wird die Zahl der geschossenen Adler in den Revieren des Herzogs von Mecklenburg-Schwerin mit 412 Tieren angegeben. Seit 1875 wird in Mecklenburg der Abschuss von Seeadlern, die auch Gänseadler genannt werden, sogar mit 1,25 Goldmark prämiert. Das Ergebnis: Zu dieser Zeit ist der Seeadler in Deutschland fast verschwunden. Um 1900 sind in Mecklenburg nur noch vier Brutplätze bekannt. Trotzdem gehen Abschuss und Vergiften der Greifvögel weiter. Die Abschussprämie wird bis 1906 in Mecklenburg und bis 1908 in Pommern gezahlt. Fast ist es zu spät, als 1926 und 1922 in beiden Ländern der Schutz der Seeadler per Gesetz festgeschrieben wird. Dennoch werden auch in den folgenden Jahrzehnten immer wieder Adler geschossen.
Greifvögel werden in dieser Zeit nicht nur in Deutschland rücksichtslos verfolgt. Der Ausrottungsfeldzug findet im zwanzigsten Jahrhundert überall in Europa statt. In Norwegen wird der Seeadler bis in die 1960er-Jahre gejagt. Zwischen 1900 und 1966 sollen dort Tausende Seeadler erlegt worden sein!

Bengt Berg beschreibt in seinem schon erwähnten Buch die dramatische Situation für die schwedischen Seeadler in den 1920er-Jahren. Er gehört damit zu den Pionieren, die sich für den Schutz der Greifvögel engagieren und ein Umdenken vorantreiben.

Nachdem die Jagd auf Adler in Deutschland und anderen Staaten eingestellt wurde, erholt sich der Bestand langsam. In der DDR werden in den 1950er-Jahren schon wieder rund 120 Brutpaare registriert. In dieser Zeit beginnen regelmäßige Kontrollen – die Brutpaare werden erfasst. Vor allem ehrenamtliche Naturfreunde übernehmen diese Aufgaben. Um die Adler und auch um andere vom Aussterben bedrohte Arten kümmern sich jetzt Betreuer. Diese Horstbetreuer sammeln Daten und achten darauf, dass die Schutzbestimmungen eingehalten werden. Eine effektive und erfolgreiche Zusammenarbeit zwischen haupt- und ehrenamtlichen Naturschützern, Wissenschaftlern und Behörden kommt zustande. Die Arbeit der Horstbetreuer wird bis heute fortgesetzt. Das Engagement der zahlreichen Naturschutzhelfer hat einen bedeutenden Anteil daran, dass es in Deutschland wieder stabile Adlerbestände gibt.

Bei Kontrollen wird damals immer wieder festgestellt, dass Störungen durch Spaziergänger, Naturfreunde und vor allem durch die Forstwirtschaft für den nachlassenden Bruterfolg der scheuen Vögel mitverantwortlich sind. Adler haben eine sehr große Fluchtdistanz. Bereits bei bloßer Anwesenheit eines Menschen

Seeadler bauen ihre Horste auf starken Bäumen. Da die Horststandorte in einigen Ländern automatisch unter Naturschutz stehen, können die Bäume in der unmittelbaren Umgebung der Nester besonders alt und mächtig werden.

verlassen sie ihren Horst. Bei länger anhaltenden Störungen lassen sie Nest und Eier vollends im Stich.
In der DDR werden deshalb Anfang der 1960-Jahre Horstschutzrichtlinien erlassen. Sie haben sich außerordentlich bewährt und sind heute durch ähnliche Regelungen in den Naturschutzgesetzen Mecklenburg-Vorpommerns und Brandenburgs ersetzt worden. Sie legen eine Schutzzone für jeden Horst fest. Alles, was die Adler beunruhigen könnte, ist im Umkreis von einhundert Metern verboten. Darunter fallen Forstarbeiten und andere Störungen durch Menschen, inklusive das Errichten und das Nutzen von Einrichtungen für die Jagd. Während der Brutzeit der Seeadler wird die Schutzzone um die Horste auf dreihundert Meter erweitert. In Schleswig-Holstein, lange Zeit das einzige Land der alten Bundesrepublik mit Seeadlerbrutplätzen, werden um 1970 die Bemühungen zum Erhalt der Vögel verstärkt. Die Horste wurden immer wieder illegal bestiegen und die Eier gestohlen. Um die Plünderungen zu verhindern, werden die Adlerhorste bewacht.

Auf dem Weg zur Beringung. |

Beobachtet

Um mehr über das Leben der Seeadler zu erfahren, starten 1976 zunächst Schweden, Finnland und Norwegen ein gemeinschaftliches Beringungsprogramm. In den Folgejahren unterstützen weitere Länder im Ostseeraum dieses Vorhaben. Seit 1977 beteiligt sich Schleswig-Holstein und seit 1981 helfen auch ostdeutsche Ornithologen in dem Farbberingungsprogramm. Anliegen ist es, mehr über Wanderungen, Treue zum Brutort, die Zahl der Jungvögel, Todesursachen und Populationsstruktur zu erfahren. Die Tiere bekommen zwei unterschiedliche Ringe. Am rechten Fuß wird der Landesring angebracht. Er besitzt eine individuelle Nummer und eine für jedes Land festgelegte Farbe. Deutsche Landesringe sind orange oder messingfarben. Am linken Fuß bekommen die Seeadler den sogenannten Kennring. Er ist schwarz mit weißer Gravur einer individuellen Kombination aus zwei Buchstaben und zwei Zahlen, die von oben nach unten gelesen wird. Sie sind sogenannte Stand- und Strichvögel. Dennoch hat die Beringung auch beim Seeadler zahlreiche Details ihrer Lebensgewohnheiten bekannt werden lassen.

Die mitteleuropäischen, geschlechtsreifen und verpaarten Seeadler bleiben das ganze Jahr im Brutrevier oder in dessen Nähe. In strengen Wintern, in denen die Seen des Binnenlandes zufrieren, suchen sie an den Küsten und Flüssen nach offenen Wasserflächen. An solchen Plätzen finden sich oft ungewöhnlich viele Vögel ein. In Deutschland sind derartige Sammelplätze vor allem die Ostseeküste, die größeren Binnenseen oder Flüsse, wie Elbe und Oder. Adler der nördlichen Gefilde können dabei in die Regionen der mitteleuropäischen Brutvögel wandern und bis in das südliche Mitteleuropa ziehen. Größere Trupps überwinternder Adler werden in Ungarn, im Gebiet der Theiß, in der Dobrudscha, an der Donau oder am Mittelmeer beobachtet. Am Bosporus, einem bedeutenden Konzentrationspunkt des Vogelzugs, erscheinen jedoch nur wenige Seeadler. Dies ist ein Zeichen dafür, dass die europäischen Vögel vorwiegend in Europa überwintern.

Mithilfe der Telemetrie werden die Tiere beobachtet. Dazu erhalten die Vögel kleine Sender, welche die Position der Vögel übermitteln. So können zahlreiche und teilweise überraschende Details in der Lebensweise vieler Tierarten erfasst werden. So bekommen Bernd-Ulrich Meyburg, einer der Pioniere im Einsatz dieser Technik bei Greifvögeln und Leiter der Weltarbeitsgruppe für Greifvögel und Eulen, sowie eine Gruppe uckermärkischer Ornithologen 1993 eher zufällig die Gelegenheit, erstmals beim Seeadler diese Technik einzusetzen. Waldarbeiter finden in der brandenburgischen Uckermark einen zunächst flugunfähigen und scheinbar verlassenen Jungvogel. Schnellstens wird der Jungadler in seinen Horst zurückgesetzt, zuvor jedoch mit einem Sender versehen. Schon kurze Zeit später verlässt der junge Adler endgültig seinen Horst. Obwohl er schon sehr gut fliegen kann, hält er sich in den nächsten Wochen vorwiegend auf dem Boden auf. Er sitzt im dichten Unterholz auf Hügeln, auf Baumstubben oder Holzhaufen. Dort wird er offenbar noch einige Wochen von den Eltern gefüttert. Mehr als zwei Monate kehrt er regelmäßig in die Nähe des Horstes zurück. Danach können seine Bewegungen noch über ein Jahr verfolgt werden.

Dank der Telemetrie haben die Ornithologen so erstaunliche Informationen über die Lebensweise der Tiere bekommen, die sie bisher nicht einmal vermuteten. Die technische Weiterentwicklung der Sendetechnik und Satellitenpositionsbestimmung kombiniert mit GPS-Datenloggern ermöglichen inzwischen gespeicherte Positionsdaten zu senden. So können neben Bewegunsprofilen auch physiologische Daten übermittelt werden.

Nebenwirkungen

Ratlosigkeit herrscht bei den Adlerfreunden in den 1950er- und 1960er-Jahren. Trotz der Schutzmaßnahmen werden immer weniger Jungadler flügge, der Bruterfolg ist einfach niederschmetternd. Ein Seeadlerweibchen legt normalerweise ein bis zwei, selten drei Eier im Abstand von mehreren Tagen. Es beginnt bereits nach dem ersten Ei mit dem Brüten. Deshalb schlüpfen die Jungen dann auch im Abstand von mehreren Tagen. Die meisten Adlerpaare brüten in jener Zeit jedoch ohne Erfolg. Nur etwa 17 Prozent der Brutpaare beenden 1973 ihre Brut erfolgreich. Damit zieht nur etwa jedes sechste Paar Jungvögel auf. Im internationalen Vergleich zeigen sich ähnliche Tendenzen.

Auch bei den schwedischen und finnischen Seeadlerpaaren bleibt der Nachwuchs aus. 1966 bringt die aus 40 Brutpaaren bestehende finnische Seeadlerpopulation nicht ein einziges Junges zum Ausfliegen. Was ist geschehen? Haben die Störungen, trotz aller Schutzmaßnahmen, so gravierende Auswirkungen oder sind die meisten Vögel schon zu alt und unfruchtbar?

Die tatsächlichen Ursachen kommen aus einer völlig unerwarteten Richtung! Die katastrophale Entwicklung liegt an der drastisch verringerten Stärke der Eierschalen. Günter Oehme, der langjährige Koordinator der Seeadlerbetreuung in der DDR, hat die Veränderung in Norddeutschland untersucht. Bei norddeutschen Seeadlern haben die Eier in den Jahren vor 1946 eine Schalendicke von etwa 0,6 mm. In den fünfziger Jahren werden erstmals wesentlich dünnere Eierschalen festgestellt. Die Schalen sind etwa um 18 Prozent, in Extremfällen fast um die Hälfte dünner als in den vorherigen Jahrzehnten. Aus Untersuchungen ist bekannt, dass bereits eine zehn Prozent dünnere Schale wesentlich schneller zerbricht oder viele Embryonen absterben. Die Ursache für die reduzierte Schalendicke sind das Pflanzenschutzmittel Dichlor-Diphenyl-Trichloräthan (DDT), sowie andere chlorierte Kohlenwasserstoffe. DDT wird verstärkt nach dem Zweiten Weltkrieg eingesetzt, um Insekten zu bekämpfen. Zunächst scheint das Mittel ohne schädliche Nebenwirkungen zu sein. Allerdings wird es durch die Natur nur sehr langsam abgebaut. Es sammelt sich zunächst unbemerkt im Gewebe von Tieren an. Als Fleischfresser stehen Adler am Ende einer Nahrungskette. Sie nehmen die biologisch kaum abgebauten Schadstoffe in besonders hoher Konzentration auf. Von den Auswirkungen sind nicht nur Seeadler betroffen. Auch andere Greifvögel, wie Wanderfalken, Sperber und Habichte, sind Opfer von Umweltgiften.

Nebenbei bemerkt stehen auch wir Menschen am Ende vieler Nahrungsketten. Somit ist es nur logisch, dass sich die schwer abbaubaren Gifte auch bei uns ansammeln. Als Folgeerscheinung werden um 1970 sehr hohe DDT-Konzentrationen im Fettgewebe und der Muttermilch stillender Frauen festgestellt. Ärzte empfehlen den jungen Müttern, ihre Babys nicht zu stillen.

Das Schicksal der Greifvögel lässt die Wissenschaftler die Auswirkungen von Umweltgiften erkennen. Daraufhin wird das Anwenden besonders gefährlicher Pflanzenschutzmittel immer weiter eingeschränkt und schließlich vollständig verboten. Der Erfolg lässt nicht lange auf sich warten. Schon wenige Jahre später nimmt die Schalenstärke wieder zu. Um 1980 registrieren die Horstbetreuer bei über einem Viertel der Adlerpaare Nachwuchs.

Entwicklungen

In Mecklenburg-Vorpommern koordinierte Peter Hauff über Jahrzehnte bis 2015 die Seeadlerbetreuer. In seinem Buch „Seeadler gestern und heute“ beschreibt er die Schwankungen der Seeadlerbestände ausführlich. Bereits seit 1993 registriert er bei über sechzig Prozent der Paare erfolgreiche Bruten. Damit erreicht die Bruterfolgsrate wieder ein normales Niveau. Parallel dazu steigt auch die Zahl der Jungvögel. 1973 werden nur 16, fünf Jahre später bereits 37 Jungadler flügge. 1995 zählen die Betreuer in Deutschland 238 Jungadler und 2004 sind es über 400 – ein noch vor wenigen Jahren unvorstellbarer Erfolg.

In der Bundesrepublik siedeln 1997 über dreihundert Seeadlerpaare und 2002 sind es schon über vierhundert. Die von Kennern in der Erstausgabe des Buches 2005 noch vorsichtig optimistisch für die nahe Zukunft prophezeiten siebenhundert Paare sind 2022 von tatsächlich 850 brütenden Seeadlern in Deutschland weit übertroffen worden. Eine phantastische Entwicklung!

Die meisten Adler sind in Mecklenburg und Brandenburg zu finden. Auch in Sachsen, Sachsen-Anhalt, Schleswig-Holstein, Niedersachsen, Thüringen und Bayern ziehen die imposanten Greifvögel in immer größerer Zahl ihre Jungen auf. In den meisten Ländern Europas hat sich der Bestand ebenfalls erholt. Ehemalige Brutgebiete werden erneut besiedelt. Die Hauptverbreitungsgebiete befinden sich in Skandinavien, Deutschland, Polen, Russland und auf dem Balkan. Allein in Norwegen siedeln über 2.000 Brutpaare. Der Bestand in Europa wird auf etwa 6.500 Paare geschätzt. Unbekannt ist die Zahl der in den Weiten Sibiriens und bis Nordjapan brütenden Vögel. Hier ist mit einigen tausend Paaren zu rechnen. Diese gute Entwicklung ist allerdings noch kein Grund, um die Hände in den Schoß zu legen. Torsten Langgemach von der Vogelschutzwarte Brandenburg sieht die Bedrohung der Greifvögel jetzt im Zerstören der Lebensräume. Alte und ruhige Wälder sowie ungestörte Seen und Flüsse werden immer seltener. Aber auch heutzutage sterben noch viele Vögel an Vergiftungen oder durch Kollisionen. Bei fast jedem dritten tot aufgefundenen Seeadler ist die Todesursache eine Bleivergiftung. Das Blei stammt aus Teilen von Jagdmunition. Die Adler nehmen das Blei über angeschossenes und verendetes Wild oder über von Jägern liegengelassene Wildreste – vor allem Innereien, den sogenannten Aufbrüchen, – auf.

Tot aufgefundene Seeadler werden im Seeadler-Gesundheitsmonitoring auf ihre Todesursachen hin untersucht. Die Bleiwerte werden bestimmt und Vergiftungs- und Unfallschwerpunkte erfasst. Außerdem wird die Populationsentwicklung beobachtet sowie Sterblichkeitsraten und Stressbelastungen ermittelt. Dies erfolgt mit modernsten Labormethoden, aber auch im Feld mit Hilfe nicht-invasiver Probenentnahmen und dem Einsatz von Drohnen.

Naturschutzmitarbeiter oder ehrenamtliche Helfer bergen tote Seeadler (oben). Die Tiere werden im Institut für Zoo- und Wildtierforschung von Dr. Oliver Krone (unten) untersucht. Die häufigste Todesursache ist die Vergiftung durch Blei, welches aus Jagdmunition stammt.

Fuchs gegen Adler

Schon seit mehreren Wochen herrscht ein harter Winter in der Mecklenburger Seenplatte. Im weiten Umkreis sind bis auf wenige Ausnahmen die meisten Seen zugefroren. Diese günstige Situation will ich nutzen, um Fischottern nachzuspüren. Der heimliche Wassermarder ist anhand seiner Spuren im Schnee im Winter am besten zu finden. Bei diesem Wetter ist das nachtaktive Tier oft am helllichten Tag an den wenigen offenen Wasserstellen unterwegs. Zwar finde ich sofort zahlreiche Fährten, bekomme aber keinen einzigen Fischotter zu Gesicht. Dafür höre ich mehrfach Seeadler rufen. Ich entschließe mich, mein Fotoglück mit den großen Greifvögeln zu versuchen.

Das Versteck ist schnell aufgebaut, das erste Futter ausgebracht. Schon nach wenigen Tagen unternehme ich den ersten Ansitz. Von den zuerst ausgelegten Fischen ist nichts mehr zu sehen. Spuren gibt es auch keine, die hat der Neuschnee zugedeckt. Ich bin sehr gespannt und warte in meinem Versteck auf die Seeadler. Den ganzen Tag lang halten sich mehrere Adler am Luderplatz auf. Ich weiß manchmal nicht, auf welchen Vogel ich mich zuerst konzentrieren soll.

Der Höhepunkt jedoch stellt sich erst einige Tage später ein. Um nicht von den Adlern gesehen zu werden, beziehe ich mein Versteck in der Nacht. Dabei fällt mir auf, dass zwei große, mehrere Kilogramm schwere Fische verschwunden sind. Ich hatte sie schon am Vorabend für den nächsten Tag ausgelegt. Als es dann endlich hell wird, sehe ich die Reste eines Fisches am Einstiegsloch des Fischotters liegen. Bald beschäftigen sich damit zwei Jungadler. Der zweite Fisch bleibt verschwunden.

Ich traue meinen Augen kaum – völlig unerwartet kommt mit einem Mal ein Fuchs über das Eis geschnürt. Da wird mir klar, dass er schon in der Nacht da gewesen sein muss, sich seinen Teil geholt hat. Auch er ist hungrig, will den Fisch haben und bewegt sich deshalb schnurstracks auf die beiden jungen Adler zu. Einer der beiden greift sofort den Fuchs an, läuft auf ihn zu, schlägt mit den Flügeln und faucht ihn an. Hin und wieder versucht er auch, ihn mit den Fängen abzuwehren und springt dazu hoch in die Luft. Der Fuchs droht seinerseits, geht immer weiter auf das Luder zu. Der zweite Jungadler macht gar nichts. Für die beiden Seeadler wäre es ein Leichtes, den Fuchs von der Seite zu schlagen. Aber sie versuchen es nicht einmal. Ohne auch nur den kleinsten Schaden zu nehmen, erbeutet Meister Reinecke den Fisch und verschwindet mit ihm.

Wenige Tage später sitzen vor mir drei Seeadler auf dem Eis. Es ist einer dieser Tage, an dem die Eiseskälte klare Farben malt. Auf einem knorrigen Ast frisst ein Altadler die Reste eines Fisches.

Ein traumhaftes Bild, genau so habe ich es mir vorgestellt! Plötzlich ruft der Altvogel. Ich halte den Atem an und erwarte im nächsten Augenblick seinen Partner. Ein altes Seeadler-Paar auf diesem knorrigen Ast zu fotografieren, das wäre noch eine Steigerung. Doch das Rufen ist kein Balzen. Es sind Drohrufe.

Im engen Ausschnitt meines 500er Teleobjektivs mit Zweifach-Konverter sehe ich nicht, wie sich der Fuchs nähert. Schließlich steht er vor dem Altadler, der auf dem Ast sitzt. Der Fuchs schnürt weiter. Zunächst ziehen sich die Adler auf dem Eis vor ihm etwas zurück und lassen den Fisch liegen, den sich nun der Fuchs nimmt. Daraufhin fliegt der zweite Altadler auf den Fuchs zu und stößt bedrohlich mit den Fängen nach ihm. Der Fuchs wehrt den Angriff gekonnt ab, verliert dabei jedoch den Fisch. Diese Gelegenheit will der zweite Altadler nutzen. Er fliegt von seinem Ast und versucht, den Fisch aufzunehmen. Er schafft es aber nicht. Er kann ihn nicht greifen. Der Fisch ist tiefgefroren, knochenhart. Blitzschnell reagiert Meister Reinecke. Er fasst die Beute und verschwindet.
Die beiden alten Seeadler interessieren sich offensichtlich nur für den Fisch. Denn ohne Zweifel haben sie genügend Jagderfahrung, auch den Fuchs ernsthaft angreifen zu können. Um den Fisch wieder zu erbeuten, arbeiten die Adler sogar zusammen. Während einer den Scheinangriff fliegt, versucht der andere die Beute zu ergreifen.

In der Literatur finden sich Belege dafür, dass Seeadler, vor allem im Winter, regelmäßig Mäuse, Hasen und andere kleinere Säugetiere jagen. Auch beschreiben Einzelbeobachtungen, dass sogar Rehe oder Füchse geschlagen werden. Solch große Beutetiere sind in unseren Breiten allerdings unwahrscheinlich. Reste von Rehen oder Füchsen am Horst stammen vermutlich von kranken, verletzten oder verendeten Tieren.
Zu guter Letzt entdecke ich noch einen Fischotter am Eisloch. Ein etwa dreijähriger Adler läuft langsam auf den Otter zu, beobachtet ihn neugierig. Der Otter reagiert unruhig und wechselt mehrmals seinen Aufenthaltsplatz. Als der Adler ihm zu nahe kommt, taucht er ab und lässt sich erst wieder blicken, als kein Greifvogel mehr in der Nähe ist.

Seiten 68/69: Ein Fischotter an einem Eisloch. Die Tiere sind vorwiegend nachtaktiv. Doch in kalten Wintern, wenn die meisten Gewässer zufrieren, sind sie auch tagsüber auf Nahrungssuche anzutreffen.

Lautstarkes Rufen

Eines Morgens landet ein Altadler auf dem Futterplatz, direkt vor meinem Versteck. Lautstark beginnt er seine Partnerin zu locken und streckt dafür seinen Kopf leicht nach oben. Je intensiver die Rufe werden, desto weiter wirft er seinen Kopf nach hinten. Die Luft ist so kalt, dass sein Atem zu sehen ist. Das Weibchen sitzt abseits in einem Baum und stimmt in das Rufen ein. Aber erst als es selber fressen will, kommt es endlich herunter zu seinem Partner.

Einige Tage später wiederholt sich die Szene. Diesmal landet das Weibchen allerdings gleich neben dem Männchen. Beide Altadler sitzen nebeneinander auf dem Eis und balzen ausgiebig. Das Männchen versucht noch einmal, an das Futter heranzukommen. Jetzt wird der Fisch hartnäckig von einem jungen Weibchen verteidigt. Immer wieder vertreibt sie den Altadler und greift ihn hart an. Er allein hat gegen das stärkere Jungtier keine Chance. Plötzlich kommt das alte Weibchen dazu. Es gibt nur eine kurze Attacke und der Jungadler ist abgedrängt. Das alte Adlerpaar frisst anschließend gemeinsam den Fisch.

Die Adler befinden sich in einer besonders spannenden Periode. Februar und März sind die Monate der Hochbalz. An sonnigen Tagen fliegen die Altadler meistens gemeinsam über ihrem Revier und lassen laute, weithin gellende Rufreihen ertönen.

Seiten 74, 75, 76: Vor allem in der Balzzeit sind die lautstarken Rufe der Seeadler zu hören. Die Tiere bilden langjährige Lebensgemeinschaften und sind besonders während der Balz gemeinsam anzutreffen. Auf dem Höhepunkt der Balz rufen beide Partner im Duett.

Lebensräume

Seeadler können sich nur dort ansiedeln, wo sie ausreichend Nahrung vorfinden. Es müssen also viele Gewässer mit Fischen und Wasservögeln vorhanden sein. Sie benötigen Bäume, die stark genug sind, um den mächtigen, mehrere Zentner schweren Horst zu tragen. Bis vor wenigen Jahren gab es Seeadler nur in großen Wäldern, heute genügen bisweilen einzelne Bäume und Baumgruppen.

Die Reviergröße der Brutpaare richtet sich nach dem Vorkommen der Nahrung. Mecklenburg-Vorpommern gilt als gut besiedeltes Adlerland. Dort sind derzeit etwa 450 Seeadlerpaare zu finden. Wird dies auf die Gesamtfläche von rund 23.000 Quadratkilometern berechnet, dann beansprucht ein Seeadlerpaar etwa 100 Quadratkilometer. Nun sind die Seeadler nicht gleichmäßig in Mecklenburg-Vorpommern verbreitet. Sie konzentrieren sich in der Seenplatte und in der Küstenregion. Dort brüten auf 100 Quadratkilometer bis zu sieben Paare. Sind die Bedingungen günstig, können die Vögel noch dichter zusammenleben. In Westpolen wird von einem nur 1.300 Hektar großen Waldgebiet berichtet – mit 22 Seeadlerhorsten und sechs bis sieben Brutpaaren.

Um genauere Kenntnisse über die Reviere und Aktivitäten der Adler zu bekommen, führt das Institut für Zoo- und Wildtierforschung seit Jahren wissenschaftliche Untersuchungen durch. Die Ergebnisse lassen in optimalen Gebieten auf recht kleine Reviere schließen. Ein erwachsenes Adlerweibchen konnte in der Mecklenburger Seenplatte etwa ein halbes Jahr lang per Sender verfolgt werden. 95 Prozent ihrer Aktivitäten fanden auf einer Fläche von gerade mal 7,3 Quadratkilometern statt. Leider konnte das Weibchen nicht weiterverfolgt werden. Es hatte verludertes Wild gefressen, an dem sich noch die Reste von Jagdmunition befanden. Das Weibchen starb qualvoll an einer Bleivergiftung.

Einzelfälle belegen, dass die Horste einiger Paare sehr eng beieinander liegen können. Selbst Horstabstände unter einem Kilometer sind beobachtet worden. Der Extremfall ist sicher im Müritz-Nationalpark erreicht. Dort brüteten zwei Seeadlerpaare erfolgreich im Abstand von lediglich dreihundert Metern. In dem schon genannten polnischen Gebiet betrug der Abstand sogar nur 280 Meter. Dies ist ein Zeichen für die hohe Toleranz, die sich Brutpaare entgegenbringen, wenn sich die Lebensumstände günstig darstellen.

Seiten 78/79: Die Mecklenburger und Brandenburger Seenplatte ist mit ihrem Gewässereichtum ein idealer Seeadlerlebensraum.

Fütterung der Jungvögel

Noch in der Dunkelheit klettere ich die rund zwanzig Meter bis zur Krone des Baumes hinauf. In diesem Jahr habe ich eine Ausnahmegenehmigung und kann die Aufzucht der Jungen aus nächster Nähe fotografieren. Ich nutze dabei ein Versteck, das ein Freund bereits im Winter, lange vor der Brutzeit, gebaut hatte. Mit aufziehender Dämmerung schälen sich die Konturen des gegenüberliegenden Adlerhorstes heraus. Das große Weibchen kann ich erkennen, die beiden Jungvögel aber sind nicht zu sehen. Sie sitzen wahrscheinlich unter dem wärmenden Gefieder der Mutter. Sie müssten etwa drei bis vier Wochen alt sein.

Die Sonne hat den Horizont noch nicht erreicht, da kündigt ein mächtiges Rauschen das Adlermännchen an. Es hat einen Fisch für die Jungen und das Weibchen gebracht. Für einige Sekunden sitzen die Vögel nebeneinander. Nun kann ich aus nächster Nähe beobachten, wie das Adlerweibchen die Beute zerteilt. Wie mit einer Pinzette füttert es mit dem mächtigen Schnabel die kleinen Jungvögel.

Junge Seeadler tragen im Alter von zwei bis drei Wochen noch ein Dunenkleid.

Dabei wird die gewaltige Dimension des Adlernestes deutlich. Es ist eine mächtige Knüppelburg. Sie ist im Laufe mehrerer Jahre von den Elterntieren immer größer gebaut worden. Nachdem die Jungen satt sind, überlässt die Mutter ihrem Partner die Kinderstube. Nach fast zwei Stunden kommt sie mit einem großen Aal in den Fängen zurück. Der Fisch ist so groß, dass ich die Erklärung, die in solchen Fällen häufig gegeben wird, nicht mehr glaube. Aale leben auf dem Grund von Gewässern und sind für Seeadler eigentlich unerreichbar. Eine besondere Jagdstrategie soll die Lösung des Rätsels geben. Angeblich bedrängen sie Kormorane und andere Vögel, bis diese ihre Beute fallen lassen.

Doch der Beuteaal, den das Weibchen mitbringt, kann keinem Kormoran abgejagt worden sein, dazu ist er viel zu groß. Nein, der Aal war zweifelsfrei bereits verendet. Das Paar bringt während der Brutzeit noch oft Aale zum Horst. Da das Versteck nur wenige Meter entfernt ist, lässt sich an der Farbe der Fische erkennen, dass die Aale bereits einige Zeit tot sein müssen. Sie sind an Krankheiten oder Parasiten gestorben und wurden nicht zuvor von Kormoranen gefangen.

Im Alter von etwa 30 Tagen beginnen bei den Jungvögeln die ersten Federn zwischen den Dunen zu wachsen. Es folgen einige Wochen, in denen die Küken geradezu struppig aussehen. Noch sind Dunen vorhanden, aber auch zahlreiche braune Federn.

Die flüggen Jungvögel unterscheiden sich deutlich von ihren Eltern. Sie sind insgesamt dunkler gefärbt. Vor allem an Schnabel, Augen, Schwanz und Füßen ist die dunklere Färbung sehr markant. Erst im zweiten Lebensjahr ersetzen die Jungadler einen Teil ihres Gefieders. Die neuwachsenden Federn sind deutlich heller als die bisherigen. Die Adler sehen in diesem Alter etwas gefleckt aus. Auch der Schnabel beginnt sich an der Basis aufzuhellen. Im vierten Jahr ähneln die jungen Adler weitgehend den Altvögeln. Im nächsten sind sie vollständig ausgefärbt. Das Gefieder ist hellbraun. Schnabel, Augen und Füße sind leuchtend gelb und der Schwanz ist weiß. So dauert die Jugendzeit der Seeadler über fünf Jahre. In dieser Phase ziehen sie einzeln oder in Junggesellentrupps weit umher. Meist dauert es sogar noch ein bis zwei Jahre, ehe sie dann ein eigenes Nest bauen.

Die erste Beute

Junge Seeadler sind am besten im Sommer zu beobachten. In dieser Zeit verlassen sie gerade ihren Horst. Manche von ihnen sind dann schon selbstständig und tauchen auch an weit von den heimatlichen Revieren entfernten Sammelplätzen auf. Viele Jungvögel sind aber noch gemeinsam mit ihren Eltern unterwegs, sie befinden sich in der Bettelflugperiode.

In einem See habe ich Fische ausgelegt. Die jagderfahrenen Adler schießen in rasantem Sturzflug herunter und sammeln gekonnt ihre Beute ein. Junge Adler brauchen dazu regelmäßig mehrere Versuche. Oft spielen sich dabei äußerst kuriose Szenen ab. Häufig sitzt die ganze Adlerschar in den Bäumen am Ufer eines Sees. Hin und wieder macht einer von ihnen einen kleinen Ausflug, um sich die Flügel „zu vertreten". Plötzlich stürzt sich der Vogel ins Wasser und holt in elegantem Bogen einen Fisch heraus. Sofort stürmen die Jungvögel der Umgebung auf den erfolgreichen Jäger ein. Auf einmal haben alle Hunger, der Futterneid ist erwacht.
Der Auslöser solcher Attacken muss nicht unbedingt ein Artgenosse sein. Milane oder Fischadler werden genauso bedrängt. Einher gehen solche Aktionen mit den lauten Bettelrufen der Jungvögel. Eines schönen Sommertages steht ein solcher Jüngling laut schreiend vor einem großen, ausgelegten Fisch. Ganz offenbar hat er Hunger, traut sich aber nicht näher als bis auf zwei Meter an die Beute heran und beginnt lautstark zu betteln. Die Mutter kommt, steigt auf den Fisch und fängt zu fressen an. Erst jetzt wagt sich auch der Filius an den toten Fisch und beginnt ebenfalls zu fressen. Wenig später jagt ein ausgewachsenes Seeadlerweibchen erfolgreich. Sofort kommen ihre beiden diesjährigen Jungen und bedrängen sie so sehr, dass sie den Fisch zurücklässt und davonfliegt.

Die ersten Jagderfahrungen können für die Jungen recht frustrierend sein. Nach mehreren Anflügen gelingt es einem Jungadler, endlich einen Fisch zu ergattern. Allerdings hat er sich ein Exemplar ausgesucht, das zu schwer für ihn ist. So schafft er es nicht, den Fisch aus dem Wasser zu heben. Es bleibt ihm nichts weiter übrig, als mit seiner Beute an Land zu schwimmen. Immerhin sind es etwa einhundert Meter, die er mit den Flügeln rudernd zurücklegen muss. Endlich erreicht der Jungadler das Ufer. Ziemlich erschöpft steht er da, aber doch voller Stolz. Vielleicht ist es die erste Beute in seinem Leben. Sogleich macht er seinen Besitzanspruch durch tiefe, fast gockernde Rufe deutlich. Den weithin hörbaren gellenden Ruf der Altvögel beherrscht er allerdings noch nicht. Das lockt zwei halbwüchsige Seeadler an. Innerhalb weniger Sekunden haben sie ihm den Fisch entwendet. Der Jungvogel sitzt noch eine ganze Weile durchnässt an der Stelle und macht einen recht deprimierten Eindruck.

Seiten 70/71, 90 und 91: Junge Seeadler werden noch einige Wochen nach dem Verlassen von den Altvögeln versorgt. In dieser als Bettelflugperiode bezeichneten Zeit können sich die Altvögel dem ständigen Bedrängen nur durch Flucht entziehen.

Junge Seeadler schließen sich zu Junggesellentrupps zusammen. Zwischen den Tieren herrscht Futterneid. Deswegen versuchen die Vögel mit ihrer Beute schnell wegzufliegen. Die Streitereien sind jedoch harmlos und die Vögel verletzen sich in der Regel nicht.

Triefend nass

Regelmäßig beenden Seeadler ihre Mahlzeit, indem sie ihren Schnabel an Grasbüscheln oder Ästen abwischen. Offensichtlich entfernen sie damit Nahrungsreste. Kolkraben, Bussarde und andere Fleischfresser machen das genauso.

Ich bin also nicht sonderlich überrascht, als an einem sonnigen Märztag ein dreijähriger Seeadler diese Körperpflege vorführt. Mit einigen Kolkraben hat sich der Adler gerade an einem Schafskadaver gesättigt. Ganz gemächlich geht er nun zum See. Das flache Ufer ist vom Nachtfrost noch mit einer dünnen Eisschicht bedeckt. Der Vogel wischt sich zunächst mehrfach seinen Schnabel im Uferschlick ab. Dann schöpft er einige Male Wasser. Adler können, wie die meisten Vögel, nicht schlürfend trinken. Sie füllen ihren Schnabel mit Wasser und schlucken erst durch das Hochrecken des Kopfes. Dieser Vorgang sieht nicht unbedingt majestätisch aus.

Die kräftige Märzsonne scheint den Vogel allerdings noch zu weiteren Wasserfreuden zu animieren. Aufmerksam sichert er in die Ferne und geht einige Schritte ins Wasser, etwa bis zur Unterkante seiner „Hosen“. Er verweilt und schöpft nochmals etwas Wasser. Noch ein paar Schritte weiter, und dem Adler reicht das Wasser bereits bis zum Bauch. Ich traue meinen Augen kaum – der König der Lüfte beginnt wie eine Ente im Wasser zu plantschen. Zunächst legt er sich auf eine Seite und versucht so, Flügel und Rücken zu benetzen. Dann folgt die andere Seite. Das Tier hat große Mühe, seinen Körper unter Wasser zu drücken. Es folgen Schwanz und Rücken. Kurzzeitig schaut nur noch der Kopf aus dem Wasser. Anschließend schlägt er mit seinen mächtigen Schwingen. Dieses Verhalten erinnert mich an viele andere Vögel.

So habe ich es schon bei Schwänen, Enten und Gänsen gesehen, aber eben noch nie bei einem Seeadler. Triefend nass hüpft er schließlich ans Ufer und versucht, einen nahegelegenen trockenen Ast zu erklimmen. Auf dessen Spitze sitzt ein besonders dreister Kolkrabe. Der Adler hangelt sich flügelschlagend den Ast empor, ohne dass der Kolkrabe auch nur die Absicht zeigt, seinen Platz zu räumen. Für wenige Sekunden sitzen sich Adler und Rabe gegenüber – der Adler unterhalb, der Rabe auf der Spitze. Hartnäckig hält der Rabe seine Position, selbst als der Adler mit kräftigen Schlägen seine Schwingen trocknet. Erst als der Seeadler zum letzten Sprung ansetzt, fliegt der Kolkrabe auf, dreht nur eine kleine Runde und schon sitzen sich beide Vögel wieder gegenüber – diesmal jedoch sitzt der Rabe unterhalb und der Adler auf der Spitze. Der Adler lässt seine breiten, nassen Flügel hängen und bleibt lange Zeit so sitzen. Die Märzsonne soll seine nassen Federn trocknen.

Adler putzen sich nach dem Fressen den Schnabel im Wasser oder an einem Stamm. Zum Trinken müssen sie den Kopf nach oben strecken.

Wasserfest

Für jeden Vogel ist das Federkleid lebenswichtig. Stammesgeschichtlich gesehen, hat es sich jedoch nicht entwickelt, damit die Vögel fliegen können. Es isoliert hervorragend und stabilisiert vor allem den Wärmehaushalt. Ähnlich wie Säugetiere haben auch Vögel eine konstante Körpertemperatur. Mit dem schützenden Federkleid können sie auch kältere Regionen besiedeln. Ist das Gefieder jedoch nass, kann der Vogel weder fliegen noch seine Körpertemperatur halten. Das Federkleid besitzt deshalb einen besonderen Aufbau. Es verhindert das Eindringen von Wasser. Am Bürzel sitzt eine Drüse, die ein Sekret absondert. Beim regelmäßigen Putzen fettet der Vogel das Gefieder und macht es somit wasserabweisend. Deshalb hatte der Adler so große Schwierigkeiten seinen Körper unter Wasser zu drücken. Anders verhält es sich beispielsweise bei Kormoranen. Dem eleganten und schnellen Taucher würde ein luftiges und gefettetes Gefieder zuviel Auftrieb verleihen. Er könnte kaum erfolgreich jagen. Deshalb fettet er seine Federn nicht, sie werden beim Tauchen nass.

Direkt neben dem Boot

Selbst im härtesten Winter gehen Adler nur an ausgelegtes Futter, wenn weit und breit kein Mensch zu sehen ist. Wenn ich sie beobachten und fotografieren möchte, dann habe ich mir bisher immer ein Versteck gebaut, um nicht entdeckt zu werden. Doch wie so oft im Leben bestätigt auch hier die Ausnahme die Regel.

Fred Bollmann aus Feldberg hat sich mit seiner Firma Ranger-Tours auf Naturexkursionen und Adlerbeobachtungen spezialisiert. Dabei wird er auf ein besonderes Seeadlerpaar aufmerksam: Es zeigt eine deutlich geringere Fluchtdistanz als die Artgenossen. Bei Bollmanns Exkursionen nähern sich die Greifvögel bis in die unmittelbare Nähe der Boote. Gemeinsam wollen wir versuchen, dieses ungewöhnliche Adlerpaar zu fotografieren.

Es beginnt vielversprechend. Bereits nach kurzer Zeit lassen uns die Vögel auf Fotodistanz mit dem Boot heran. Sie bleiben auf ihrem Ansitz und gehen der Lieblingsbeschäftigung eines jeden Seeadlers nach – sie ruhen. Mehr passiert nicht.

Viele Bootstouren und einige Monate später wird es spannender. Die Jungvögel sind nun flügge und haben den Horst verlassen. Laut bettelnd sitzen sie in den Bäumen am See und fordern ihre Eltern auf, genug Futter zu bringen. Sowie die Altvögel anfliegen, werden sie von den Jungen bedrängt. Der Nachwuchs macht noch keine Anstalten, selbst auf Nahrungssuche zu gehen. Sie haben es nicht nötig. Zwei Monate nach dem Ausfliegen werden sie noch immer vollständig von den Eltern versorgt.

Nicht ein einziges Mal haben wir gesehen, dass einer der Filiusse selbst versucht, etwas Fressbares zu erbeuten. In der Hoffnung, die Vögel dichter an uns heranzulocken, bieten wir der Adlerfamilie frische Fische an. Langsam erkennt das alte Adlerweibchen die Vorteile des „Rangertour-Cateringservice". Im Laufe der Monate kommt sie immer regelmäßiger, um sich einen Happen zu holen. Im Gleitflug überfliegt uns das Weibchen, verliert an Höhe, zielt auf den treibenden Fisch und hebt ihn dann mit einem kurzen Schlag der mächtigen Krallen aus dem Wasser. Für uns ist es ein unbeschreibliches Erlebnis – mit seiner Spannbreite von über zwei Metern sucht dieser menschenscheue Greifvogel nur wenige Meter neben unserem Boot nach Nahrung. Trotz meiner vielen Begegnungen mit Seeadlern habe ich mir eine solch unmittelbare Nähe zu diesen großen und sonst so vorsichtigen Vögeln nicht vorstellen können. Inzwischen versucht Fred auf seinen Naturexkursionen, Touristen für diese Adlerbeobachtungen zu begeistern. Die meisten von ihnen sind vor allem überrascht, wie dieser mächtige Vogel ruhig über den See gleitet und dann blitzschnell, nahezu in Bruchteilen von Sekunden, seine Beute aus dem Wasser holt. Mittlerweile hat sich der Adler zu einem begehrten Fotomotiv entwickelt.

039831 22174
RANGER-TOURS
Elektrobootsrundfahrten auf dem Schmalen Luzin
CAROLINA SKIFF 21

Ein Leben lang

Seeadlerpaare bleiben auch außerhalb der Brutzeit zusammen und halten sich in ihrem Revier auf. Bereits im Herbst bereiten sie die nächste Brutzeit vor. Die Vögel bauen alte Horste aus oder legen einen neuen an. Die größte Bindung an ihren Horst stellt sich dann mit dem Beginn der eigentlichen Paarungszeit ein. Seeadlerpaare sind für ihre Treue bekannt. Sind die Tiere erst einmal verpaart, dann kann eine Ehe viele Jahre, vielleicht sogar ein Leben lang halten. Ein Seeadlerleben in Gefangenschaft ist immerhin mit 42 Jahren verbürgt. Kommt einer der Partner ums Leben, so ist aber auch relativ schnell eine Neuverpaarung möglich. Es kann allerdings längere Zeit dauern, bis wieder der richtige Partner fürs Leben gefunden ist. Solche komplexen Verhaltensweisen sind in freier Natur sehr schwer festzustellen. Manchmal aber hilft der Zufall. In den Jahren 1993 und 1994 beobachtet Peter Hauff in Mecklenburg-Vorpommern einen Seeadlerhorst mit einer Videokamera. Im November 1993 wird das Männchen tot unter einer Elektroleitung aufgefunden. Bereits im Januar wirbt ein neuer Partner erfolgreich um das Weibchen. Nur wenige Tage später taucht ein weiteres Männchen am Horst auf und verdrängt den jüngeren Rivalen. Anfang März findet dann ein erneuter Partnerwechsel statt. Diesmal gesellt sich ein anderes Weibchen zu dem Männchen. In diesem Fall wechseln die Partner sehr schnell. Allerdings kann sich das Paar nicht mehr genügend aufeinander einstellen und es kommt nicht zu einer Brut.

Seeadler beobachten

Es ist kaum möglich, Seeadler aus nächster Nähe zu beobachten, sie sind sehr scheu. Mit einem Fernglas oder mit einem Spektiv jedoch sind interessante Verhaltensweisen und Einzelheiten zu erleben. Den größten Teil des Tages sitzen Seeadler an mehr oder weniger exponierten Stellen und ruhen. Deshalb braucht es oft einige Geduld, selbst an den besten Plätzen, bis sie zu sehen sind. Aktiv sind die Vögel vor allem in den Morgen- und Nachmittagsstunden. Besonders an heißen Tagen ruhen sie in der Mittagszeit. Seeadler können das ganze Jahr über beobachtet werden. Während der Brutzeit wird es jedoch sehr schwer sein, sie zu sehen. In dieser Phase sind die Altvögel stark an den Horst und seine Umgebung gebunden. Sie verhalten sich sehr vorsichtig, um den Nachwuchs zu schützen. Auch besteht die Gefahr, dass unerfahrene Beobachter das Brutgeschäft oder die Aufzucht stören, weil sie sich einfach zu dicht am Horst aufhalten. Im Extremfall hören die Elterntiere auf zu brüten oder verlassen die Jungvögel.

Die meisten Seeadler sind in Mecklenburg-Vorpommern und in Brandenburg zu finden. In den Großschutzgebieten der Seenplatte und der Ostseeküste gibt es die besten Chancen, die Vögel zu Gesicht zu bekommen. Die National-park-, Naturpark- und Biosphärenreservatsverwaltungen haben dafür spezielle Besuchereinrichtungen errichtet.
Sie ermöglichen es auch den unerfahrenen Naturfreunden, Seeadler und andere scheue Tiere zu beobachten. Die Schutzgebietsverwaltungen bieten in der Regel Führungen und Exkursionen in die Gebiete an. Genaue Pläne oder Termine sind in den Informationsstellen vor Ort zu erhalten. Dort können auch private Ansprechpartner für Spezialführungen vermittelt werden. Die Chancen, auf solchen speziellen Touren in kleinen Gruppen die scheuen Vögel zu beobachten, sind besonders gut.

Ein wichtiger Sympathieträger

Die Seeadler haben es geschafft, in unserer intensiv genutzten Kulturlandschaft zu überleben. Wir können sogar davon ausgehen, dass sie gegenwärtig wieder in einer größeren Anzahl in Deutschland heimisch sind als jemals zuvor in den vergangenen zweihundert Jahren. Einzelne Paare sind mittlerweile schon in der Nähe von menschlichen Siedlungen zu sehen. Diese seltenen Erscheinungen dürfen jedoch nicht überbewertet werden und vergessen lassen, dass der weitaus größere Teil der Tiere seine Scheu behalten

hat. Sie ist das Resultat einer langen Verfolgung über mehrere Jahrhunderte. Erst in der jüngeren Vergangenheit ist das Interesse stärker auf den Schutz und den Erhalt der Adler gerichtet.

Natürlich sind diese Tiere nicht überall zu finden. Sie benötigen ruhige, abgeschiedene Landschaften, in denen sie vom Menschen nicht gestört werden. Da Seeadler sehr bekannt und äußerst medienwirksam sind, können sie für den Erhalt dieser Landschaften zu einem wichtigen Sympathieträger werden. Seeadler sind heutzutage Symbol und Indikator für ungestörte Wald- und Seenlandschaften. Letztlich helfen sie damit auch zahlreichen, in der Öffentlichkeit weitgehend unbekannten, aber teilweise wesentlich stärker gefährdeten Tier- und Pflanzenarten. Vom Seeadlerschutz profitieren so auch unscheinbare Arten, für die sich sonst kaum jemand einsetzen würde.

Literatur

Berg, B. (1927): Die letzten Adler. Berlin.

Fischer, W. (1985): Die Seeadler. Neue Brehm Bücherei, 4. Aufl. Ziemsen-Verlag, 192 S.

Gattiker, E. & L. (1989): Die Vögel im Volksglauben. Aula Verlag, 589 S.

Gensbol, B. & W. Thiede (1997): Greifvögel. BLV, 3. überarbeitete Auflage, 414 S.

Hansen, G., Hauff, P. & W. Spillner (2004): Seeadler Gestern und Heute. Verlag Erich Hoyer, 160 S.

Hauff, P. (1998): Bestandsentwicklung des Seeadlers Haliaeetus albicilla in Deutschland seit 1980 mit einem Rückblick auf die vergangenen 100 Jahre. Vogelwelt 119, 47–63.

Hauff, P. (1997): Video-Übertragung aus Greifvogelhorsten – eine neue Form der Naturschutz-Öffentlichkeitsarbeit. Naturschutzarbeit in Mecklenburg-Vorpommern 40, 67–70.

Kenntner, N., Oehme, G., Heidecke, D. & F. Tataruch (2004): Retrospektive Untersuchung zur Bleiintoxikation und Exposition mit potenziell toxischen Schwermetallen von Seeadlern in Deutschland. Vogelwelt 125, 63–75.

Köppen, U. (1996): Das Internationale Farbmarkierungsprogramm Seeadler. Populationsökologie Greifvögel und Eulen 3, 131–145.

Kostrzewa, A. & G. Speer (1995): Greifvögel in Deutschland. Aula Verlag, 113 S.

Krone, O. & H. Hofer (Hrsg.): Bleihaltige Geschosse in der Jagd – Todesursachen von Seeadlern? Zusammenfassung der Vorträge und der anschließenden Diskussion einer Expertenrunde im Institut für Zoo- und Wildtierforschung in Berlin am 5.4.2005.

Langgemach, T. (2002): Situation und Schutz des Seeadlers in Brandenburg und Berlin. Corax 19, Sonderheft 1, 23–36.

Meyburg, B.-U., Blohm, T., Meyburg, C., Börner, I. & P. Sömmer (1994): Satelliten- und Bodentelemetrie bei einem jungen Seeadler (*Haliaeetus albicilla*) in der Uckermark. Vogelwelt 115, 115–120.

Moll, K.-H. (1967): Unter Adlern und Kranichen. Ziemsen Verlag, 152 S.

Oehme, G. (1987): Zum Phänomen der Eidünnschaligkeit allgemein, sowie am Beispiel des Seeadlers *Haliaeetus albicilla* in der DDR. Wiss. Beiträge Univ. Halle 14, 159–170.

Oehme, G. (1961): Die Bestandsentwicklung des Seeadlers in Deutschland mit Untersuchungen zur Wahl der Brutbiotope. Beiträge zur Kenntnis deutscher Vögel, Gustav Fischer Verlag Jena, S. 1–61.

Projektgruppe Seeadlerschutz Schleswig-Holstein e.V.: 30 Jahre Seeadlerschutz in Schleswig-Holstein (1968–1998), 107 S.

Spillner, W. (1993): Der Seeadler. Hinstorff Verlag, 144 S.

Struwe-Juhl, B. & V. Latendorf (1997): Todesursachen von Seeadlern in Schleswig-Holstein. Vogelwelt 118, 95–100.

Struwe-Juhl, B. (1996): Brutbestand und Nahrungsökologie des Seeadlers *Haliaeetus albicilla* in Schleswig-Holstein mit Angaben zur Bestandsentwicklung in Deutschland. Vogelwelt 117, 341–343.

Peter Wernicke

Peter Wernicke, 1958 in Sandersleben (Sachsen-Anhalt) geboren, studierte an der Berliner Humboldt-Universität. Der promovierte Biologe beschäftigte sich seit 1980 mit der Tierfotografie, vorzugsweise in der heimischen Natur. 1986 war er einer der Mitbegründer der Arbeitsgemeinschaft Mecklenburger Tierfotografen. Seit 1990 war er Mitglied der Gesellschaft Deutscher Tierfotografen. Für seine Bilder hat er eine Reihe nationaler und internationaler Preise erhalten. So wurde er 1996 als Naturfotograf des Jahres geehrt.

Tiere zu beobachten, hat Peter Wernicke schon seit Kindheitstagen fasziniert. Doch Begegnungen mit Tieren dauern häufig nur einen kurzen Augenblick. Erst mit einer guten Fotografie gelingt es, diesen Augenblick festzuhalten, zu genießen und für andere erlebbar zu machen. Dies war das Credo des Tierfotografen, der hauptberuflich als Leiter des Naturparks Feldberger Seenlandschaft in Mecklenburg-Vorpommern arbeitete. 2017 kam Peter Wernicke durch einen Unfall ums Leben.

Torsten Münchberger, Jahrgang 1965, übernahm die stilistische Bearbeitung des Textes der Erstauflage. Er arbeitet als Redakteur beim Norddeutschen Rundfunk in Mecklenburg-Vorpommern und berichtet häufig über die heimische Tierwelt.

Das gemeinsame Anliegen war es, einen besonderen Gleichklang von Bild und Text zu erreichen.

Da heimische Tiere und ganz besonders Adler in der Regel sehr scheu sind, wurden die meisten Fotos aus Tarnverstecken (Seite 123 und 127) aufgenommen. Die Fotos auf den Seiten 31, 73 und 117 entstanden in einem Gehege. Für das Fotografieren von Seeadlern am Horst hatte der Autor eine Sondergenehmigung der zuständigen Naturschutzbehörden bekommen. Die Aufnahmen des Buches wurden mit verschiedenen Canon Kameras und Objektiven zwischen 24 und 1000 Millimeter Brennweite fotografiert. Bei den Bildern handelt es sich um Naturdokumente, die nicht digital oder durch andere technische Hilfsmittel verfälscht wurden.

Seite 125: Peter Wernicke im Jahr 2012

Seite 126: 1984 – seine erste Arbeitsstelle in der Biologischen Station Serrahn des Instituts für Landschaftsforschung und Naturschutz der Akademie der Landwirtschaftswissenschaften der DDR (oben links); 2004 – auf dem Weg ins Baumversteck (oben rechts); 1998 – dem Fuchs ganz nah (unten)

Seite 127: 2008 – Warten auf das Motiv (oben links); 1996 – Deutscher Tierfotograf des Jahres (oben rechts); 2005 – gut getarnt im Fotoversteck (unten).